Konzentration und Engagement im Homeoffice

von Markus Jotzo

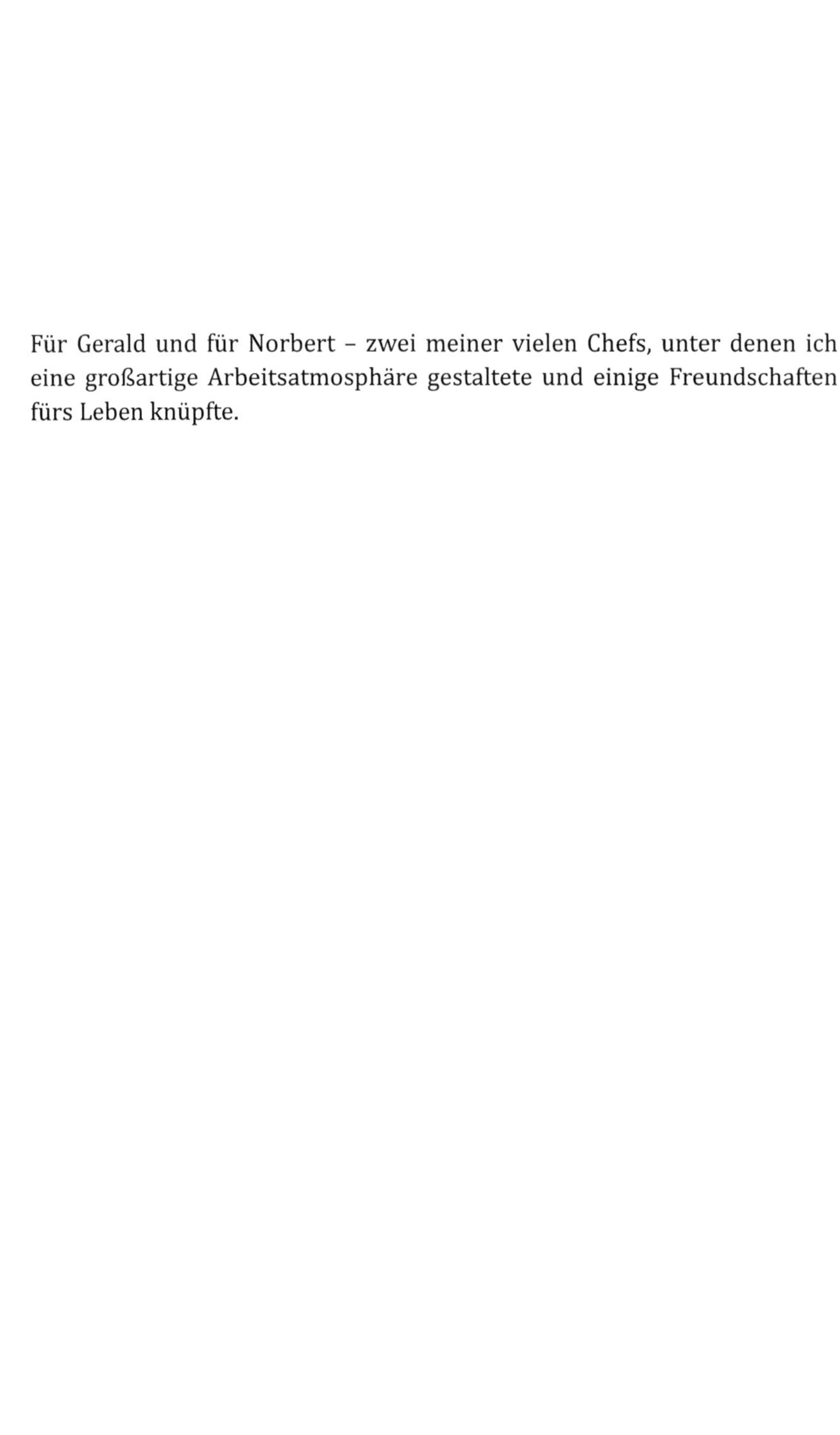

Für Gerald und für Norbert – zwei meiner vielen Chefs, unter denen ich eine großartige Arbeitsatmosphäre gestaltete und einige Freundschaften fürs Leben knüpfte.

Bibliografische Information der Deutschen Nationalbibliothek
Die Deutsche Nationalbibliothek verzeichnet diese Publikation in der Deutschen Nationalbibliografie; detaillierte bibliografische Informationen sind im Internet über http://dnb.d-nb.de abrufbar.

ISBN 978-3-7664-9968-4

Im Vertrieb von: Jünger Medien Verlag, Offenbach

Lektorat: Anja Hilgarth, Herzogenaurach
Redaktion: Jünger Medien Verlag, Offenbach
Umschlaggestaltung: Martin Zech, Bremen
Umschlagfoto: Sebastian Hanke
Satz und Layout: zerosoft, Timisoara
Druck und Bindung: Print-on-Demand

1. Auflage 2020

www.markus-jotzo.com

Hinweis: Wenn aus Gründen der Lesbarkeit im Text kein geschlechtsneutraler Begriff bzw. die männliche Form gewählt wurde, beziehen sich die Angaben selbstverständlich gleichermaßen auf Angehörige aller Geschlechter.

Inhalt

Vorwort: Von der Ablenkung zur Konzentration

Als ich mich vor 15 Jahren selbstständig machte, wusste ich, ich brauchte ein Büro. Zu Hause wäre ich einfach zu sehr abgelenkt. Dort würde ich zwischendurch aufräumen und sogar mit Genuss meinen Kleiderschrank sortieren, nur um ungeliebten Arbeitsaufgaben aus dem Weg zu gehen. Ich kannte diese Ausflüchte bereits bestens aus meinem Studium. Dort lernte ich vor Klausuren immer in der Universitätsbibliothek, um meine Aufräum- und Putzattacken zu umgehen.

Die ersten zwölf Jahre meiner Selbstständigkeit habe ich dann auch in meinem externen Büro gearbeitet, die ersten zwei Jahre allein, dann gemeinsam in einem Raum mit meinen Mitarbeitern. Ohne Ablenkungen von zu Hause war ich konzentriert, produktiv und zufrieden.

Hieß die Herausforderung unserer Gesellschaft noch bis vor einiger Zeit „Veränderung" bzw. „Change", so wird dies heute für Millionen von Schreibtischmitarbeitern noch getoppt mit der Herausforderung „Homeoffice". Eine Büroumgebung diszipliniert. Unbewusst. Zu Hause gibt es viel zu viele Ablenkungen. Erst recht, wenn Sie kein Arbeitszimmer haben.

Das Homeoffice bietet aber auch Vorteile: zum Beispiel keine Kollegen, die immer mal wieder zwischenfragen, ein „Schwätzchen" halten wollen oder mit der Kaffeeküche locken, und keine Chefs, die auf den neuesten Stand gebracht werden wollen, Meetings abhalten oder „mal eben" neue Aufgaben dazwischenschieben – insgesamt also weniger Unterbrechungen. Zu Hause gibt es mehr Ruhe, mehr Konzentration und mehr Fokus – wenn es Ihnen gelingt, die Homeoffice-Todsünden zu bändigen.

Das bedeutet für Sie: 100 Prozent Verantwortung fürs konsequente Prioritätensetzen, 100 Prozent Verantwortung fürs Sich-nicht-ablenken-Lassen und 100 Prozent Verantwortung fürs konzentrierte, produktive Arbeiten.

Die gute Nachricht: Selbstführung im Homeoffice ist genau wie alle anderen Gewohnheiten erlernbar. Das weiß ich aus eigener Erfahrung, denn ich bin ein Meister im Mich-ablenken-Lassen. An schlechten Tagen kämpfe auch ich noch damit, aber inzwischen habe ich Methoden entwickelt, die es mir quasi unmöglich machen, *nicht* konzentriert zu arbeiten.

Seit drei Jahren arbeite ich nun schon in meinem Homeoffice, bin sehr zufrieden und möchte nicht mehr zurück in ein „normales" Büro.

Die Vision

Leiden schweißt zusammen. Gemeinsam einen schwierigen Weg zu gehen und lebend daraus hervorzugehen, kann gar lebenslanger Schmier- und Klebstoff sein.

2016 entschied ich mich, mir vier Wochen Zeit zu nehmen und von Hamburg zur Zugspitze zu reisen – ohne Geld – www.niezuvorgemacht.de. Jeden Tag hatte ich die Aufgabe, für Transport in die nächste Stadt, für Essen und Trinken und für eine Übernachtungsmöglichkeit für uns zu suchen. Für uns? Ja, ich rekrutierte jemanden, der so verrückt war, mich auf dieser Reise als Kameramann zu begleiten. Fabian war nicht nur mein Kameramann auf dieser anstrengendsten Reise meines Lebens. Er ist mir damals ein sehr guter Freund geworden. Denn er stand mir bei mit seiner Gelassenheit, wenn ich gestresst und ungeduldig war. Er teilte offen seine Lebenserfahrungen mit mir, genau wie ich das mit ihm tat. Und er feierte mit mir unsere Tageserfolge, wenn wir am Abend in Betten oder auf Matratzen lagen, von denen wir beim Aufstehen am Morgen noch nichts gewusst hatten.

Ich war der Verrückte, der ein großes Ziel ausgerufen hatte. Fabian war derjenige, der mit Herz bei der Sache war und mehr leistete, als es ursprünglich seine Aufgabe war: Fotos zu schießen und Filme zu drehen. Denn er sorgte dafür, dass die emotionalen Täler dieser Reise, von den es Dutzende gab, nicht so tief waren, dafür, dass ich die vielen Erfolge der Reise mit mehr Freude und tieferer Befriedigung genießen konnte. Und Fabian wurde auch selbst zum Anführer. Denn er war es, der zuerst sagte:

„Ich hab Hunger, ich hol mir jetzt 'n Döner." Und Fabian aß seinen ersten kostenlosen Döner.

Fabian und ich sind nun für immer zusammengeschweißt. Unsere gemeinsame Anstrengung, unser gemeinsames Leiden und unser gemeinsamer Erfolg haben uns dazu gebracht. Das wird auch Ihnen passieren, wenn Sie im Homeoffice geschickt vorgehen und Ihre Zusammenarbeit wirklich gelingt. Denn auch Ihre Arbeit im Homeoffice ist eine Prüfung und hat viele Herausforderungen. Wenn Sie aber diese Herausforderungen als Team gemeinsam anpacken und meistern, wird es Sie so wie Fabian und mich zusammenschweißen.

Vor gut einer Woche sprach ich mit einer Mitarbeiterin eines fünfköpfigen Teams. Sie sagte, nach nur einer Woche im Homeoffice sei sie mit ihren Kolleginnen schon mehr zusammengewachsen. Denn sie gingen die plötzliche Herausforderung des Homeoffice in der Corona-Zeit gemeinsam an, zögen an einem Strang, unterstützten sich überall, wo notwendig. Sie litten zusammen und feierten zusammen. Das, so schwärmt sie, mache sie zu einem immer besser werdenden Team. So ein Team kann Großes bewältigen.

Formen Sie Ihr Team zu einem großartigen Team. Zu einem Team, das sich zusammenrauft, anpackt und Ergebnisse erreicht. Sie haben es in der Hand. Sie als Führungskraft. Und genauso Sie als Mitarbeiter eines Homeoffice-Teams. Michail Gorbatschow sagte einmal: „Man ist entweder Teil der Lösung oder Teil des Problems. Ich habe mich entschieden, Teil der Lösung zu sein." Und ich füge hinzu: „Es gibt nichts dazwischen." Also, wofür entscheiden Sie sich? Teil der Lösung zu sein oder Teil des Problems? Ich habe da so eine Ahnung, was Sie sich wünschen ...

Mit diesem Buch möchte ich Sie befähigen, die Distanz zwischen Ihnen und Ihren Mitarbeitern nicht zu einer Distanz werden zu lassen. Wenn Sie durch die in diesem Buch beschriebenen Maßnahmen Nähe und Gemeinsamkeit kreieren – trotz der räumlichen Distanz –, werden Sie gemeinsam mit Ihrem Team ein unschlagbares Team sein, das großartige Ergebnisse produziert.

Derjenige ist ein Anführer, der dafür sorgt, dass ein Team zusammenhält und gemeinsam Erfolge erringt. Das sind kleine Erfolge, wie ein gemeinsames Lachen, oder große Erfolge, wie ein neu gewonnener Kunde. Manchmal ist dieser Anführer die Führungskraft. Und manchmal ist es jemand aus dem Team.

Kapitel 1: Die Todsünden im Homeoffice und wie Sie sie in Konzentration und Ergebnisse verwandeln

Wir alle sind mal mehr, mal weniger konzentriert und diszipliniert. Wenn Sie ins Homeoffice wechseln, fällt der große Disziplinator, das Büro, weg. Daher ist niemand vor diesen Todsünden gefeit – keine Führungskraft und kein Mitarbeiter. Mit klug gewählten Strategien und nach einiger Zeit auch Gewohnheiten wird es Ihnen gelingen, Ihre Zeit im Homeoffice konzentriert mit guten Ergebnissen zu füllen.

Todsünde 1: So irgendwie und unbewusst in den Tag starten

„Cool, endlich zwingt mich morgens niemand aus dem Bett. Ich kann nach einem langen Abend mit Netflix-Serien nun auch noch ausschlafen. Ich spare ja die Zeit zur Arbeit und wandele sie daher in Glotzzeit um. Im Notfall kann ich mich ja mittags noch ein Stündchen hinlegen, um nachmittags durchzuhalten."

Erst seit einem Jahr habe ich meine persönliche „Morgenroutine". Damit meine ich den täglich gleichen Ablauf, was ich direkt nach dem Aufstehen mache, bis zu dem Punkt, an dem ich mich an meinen Schreibtisch setze und in die Tasten haue, um Artikel, Bücher oder an meinen Vorträgen zu schreiben. So wie jetzt – um 6:24 Uhr. Ich beginne damit, ein großes Glas Wasser zu trinken, um den Wasserverlust der Nacht auszugleichen, zu lüften und frische kühle Luft reinzulassen und tief einzuatmen. Danach schreibe ich drei bis fünf Punkte in mein Dankbarkeitsbuch, um mit guten Gedanken in den Tag zu starten, treibe regelmäßig Sport mit meinen Apps, dusche und trinke einen Proteinshake. Meine Sport-App kommt nur zwei- bis viermal pro Woche zum Einsatz, da ich auch abends im Schnitt ein- bis zweimal pro Woche Capoeira mache. Es ist dennoch eine Regemäßigkeit. Drei- bis viermal pro Woche gelingt es mir, schon am Vorabend einen Plan mit den Prioritäten des nächsten Tages vorzubereiten. Frühstück kommt etwas später oder ich esse nebenher ein paar Nüsse.

Der Morgen ist meine produktivste Zeit. Diese produktiven Stunden am Morgen verdaddele ich nicht mit dem Lesen der neuesten Nachrichten – die übrigens fast immer heftige, negative Meldungen bringen –; ich fange nach einem inspirierenden YouTube-Video oder Buchkapitel mit einer Aufgabe an, die an diesem Tag hohe Priorität hat. Manchmal gelingt es mir, vorher keine E-Mails zu lesen, manchmal nicht. Ohne E-Mails ist die Arbeit am besten und fokussiertesten. Gestern hat das geklappt, heute Morgen nicht.

Den Tag mit einer bewussten Morgenroutine zu starten, hat viele Vorteile: Sie stehen schwungvoller auf, Sie müssen Ihren „innere Schweinehund" nicht immer wieder neu überwinden, Aktivitäten, die Sie stärken und die Ihnen guttun, werden durch die Wiederholung „normal" und fester Bestandteil des Tagesablaufs. Diese Dinge tun Sie nach einer Weile automatisch. Wer mehr wissen möchte, liest den Blog-Impuls 214 auf meiner Homepage www.markus-jotzo.com oder hört meinen Podcast „Führen wie ein Löwe" Episode 28 zum Thema „Morgenroutine".

Todsünde 2: Wild drauflosarbeiten

„Produktiv sein heißt viel wegschaffen, oder nicht? Also, ran an die E-Mails, diese E-Mail-Inbox darf einfach nicht zu voll sein. Die Kollegen warten ja auch auf Antworten. So fühle ich mich gleich gut und erfolgreich, da die Liste nach einer Stunde schon um einige E-Mails geschrumpft ist."

Nein, so eher nicht. Der erfolgreiche Tag im Homeoffice beginnt mit einem sehr konkreten Plan für den Tag. Diesen Plan haben Sie idealerweise bereits am Vorabend geschrieben: Welche von den zehn bis 20 To-dos des Tages sind aber Ihre drei bis fünf wichtigsten Aufgaben? Was sind die Aufgaben, die Sie, Ihr Team und Ihre Ergebnisse wirklich voranbringen? Jeder von uns hat wichtigere und weniger wichtige Aufgaben. Die unwichtigen Aufgaben lassen Sie bitte komplett weg. Beispiele für Unwichtiges? Schlechte Newsletter (*Für meinen Newsletter, der richtig gut ist, können Sie sich ganz unten auf meiner Homepage gern eintragen.)*, manche E-Mails, manche Briefe und Post oder flache Witz-Videos, auf die auch ich manchmal reinfalle und sie mir anschaue.

Ich notiere morgens oder schon am Vorabend meine Prioritäten, nummeriere sie durch und – ganz wichtig – schätze auch die Dauer jeder einzelnen Aufgabe. Ich plane konkrete Zeitfenster pro Aufgabe. Da ich – je nach Vorabendaktivitäten – noch nicht weiß, ob ich um fünf, sechs oder sieben Uhr aufstehe, detailliere ich meinen Vorabendplan am Morgen mit konkreten Zeitfenstern.

Das entscheidende Kriterium für unseren erfolgreichen Tag ist nicht, möglichst viel zu arbeiten, sondern, dass wir uns Prioritäten setzen. Wir schaffen ja nie alles. Also dann doch bitte die Prioritäten, nicht den Kleinkram. Weniger Wichtiges erledige ich häufig am frühen oder späten Nachmittag, da dann meine Konzentration viel geringer ist als am Morgen.

Wichtige Frage: Zu welcher Tageszeit haben Sie Ihre Hochleistungsphase? Wann auch immer Sie Ihre Power-Zeit haben, füllen Sie sie mit den wichtigsten Aufgaben, die Ihre Meisterkonzentration benötigen. Verschwenden Sie sie nicht mit unwichtigem Kram, der zwar Spaß macht und den Sie schnell abhaken können, Sie aber nicht weiterbringt.

Dieser Tipp gilt für das Homeoffice wie für das normale Büro. Nehmen Sie aber im Homeoffice die Aufgabe besonders ernst, konzentriert an Prioritäten zu arbeiten. Denn Ablenkungen und eine etwas lockere Arbeitseinstellung sind der Tod des produktiven Arbeitens im Homeoffice.

Todsünde 3: Ablenkungen frönen

Welche sind die größten Gefahren eines produktiven Arbeitstags im Homeoffice? Fernsehen! Facebook! Fensterputzen! Noch nie war Fensterputzen so attraktiv, wenn eine wichtige Aufgabe auf dem Schreibtisch liegt.

Bei mir sind diese Ablenkungen Business-Nachrichten auf XING – die ich übrigens fast immer lösungsorientiert finde! – im Gegensatz zu vielen tagesaktuellen Nachrichten aus Funk, Fernsehen oder Online-Nachrichtendiensten. Sehr selten, aber auch das passiert mir, ist es sogar eine Serie auf Netflix oder Amazon prime, wenn ich mich dazu habe hinreißen lassen, eine neue Serie zu beginnen.

Was können Sie tun, um diesen Ablenkungen zu trotzen?

Manch einer ist so diszipliniert und macht sich einfach direkt an seine Prioritäten. Ich nicht. Eine meiner Kolleginnen legt ihr Handy regelmäßig in den Kofferraum ihres Autos und parkt das Auto dann zwei Straßen weiter entfernt, um WhatsApps zu entfliehen. Mir hilft zwar meine Morgenroutine, aber ich liiiiiebe immer noch meine Ablenkungen.

Meine drei bis fünf durchnummerierten Prioritäten des Vormittags nehmen ca. vier Stunden Zeit in Anspruch. Das sind meine „50-Euro-Aufgaben". Wenn ich mich ablenken lasse, etwas anderes bearbeite und dann die Aufgaben nicht schaffe, dann bekommt eine von mir definierte Person 50 Euro. Und schon mehrmals musste ich bezahlen! So eine Strafzahlung wirkt Wunder. Wenn Sie erst einmal 50 Euro bezahlt haben, dann sind Disziplin und Motivation beim nächsten Mal deutlich größer.

Damit ich diesen Schmerz meines finanziellen Verlustes nicht erlebe, bearbeite ich in der Regel meine morgendlichen Prioritäten mit nur sehr wenigen Ablenkungen. Mittags bin ich dann meistens sehr zufrieden, wenn es mir gut gelungen ist.

Gönnen Sie sich gern eine Belohnung – bei mir ist das ein leckeres Frühstück für 15 oder 20 Minuten –, wenn Sie eine bestimmte Aufgabe oder einen Aufgabenblock bearbeitet haben. Als Belohnung eignet sich alles, was

Ihnen gefällt. Bei mir ist das zum Beispiel auch ein Sonnenbad, frisch aufgeschnittene rote Paprika und Karotten oder ein Drink aus meinem Smoothie-Mixer – ich liebe es.

Um diszipliniert zu bleiben, wechsle ich immer wieder meinen Arbeitsort. So stehe ich schon mal im Badezimmer am Fenster, meinen Laptop auf der Fensterbank vor mir, und bearbeite eine einzige Aufgabe. Oder ich setze mich für eine Stunde an den Küchentisch. Das hilft mir, mich erneut zu konzentrieren und die Ablenkungen meines Schreibtischs zu minimieren.

In Hotels und auf dem Nachttisch vieler Menschen liegen Zettel und Kugelschreiber. Warum? Weil sie so ihre Idee sofort festhalten können. Tun Sie das Gleiche mit Ihren Gedanken, die immer wieder in Richtung Fernsehen, Facebook und Fensterputzen abschweifen. Schreiben Sie die ablenkenden Ideen oder To-dos, die Ihnen während einer Arbeitsphase im Kopf herumschwirren, sofort auf einen Zettel, damit Sie sie nicht vergessen und später erledigen. So bleibt Ihr Kopf während der Arbeit frei und Sie können sich gut konzentrieren.

Übrigens ist meine Tages-To-do-Liste am Abend nie leer. Da ich aber die Prioritäten bearbeitet habe, schaue ich am Abend trotzdem mit einem Lächeln darauf.

Todsünde 4: Ohne Pause durcharbeiten

Schnell ein Sandwich am Schreibtisch reinpfeifen? Kurz zum Bäcker nebenan gehen und dann schnell wieder an die Arbeit – das habe ich früher oft gemacht. Sehr oft.

Machen Sie das nicht. Machen Sie viele Pausen. Nicht nur im Urlaub. Wissenschaftler haben bewiesen, dass wir produktiver sind, wenn wir Pausen machen. Die Pomodoro-Methode schlägt vor, nur für 25 Minuten am Stück hochkonzentriert zu arbeiten und dann 5 Minuten Pause zu machen. Oder aber 60 Minuten zu arbeiten und dann eine 10-minütige Pause einzulegen. Bei mir sind es jetzt schon 75 Minuten, weil ich beim Schreiben oft in einen

Flow komme. Aber auch ich zwinge mich dann zu 15 Minuten Pause, z.B. mit einem Frühstück, Tee oder Blick auf mein Feuerchen, das ich mir an kühlen Tagen gern in meinem Schwedenofen anzünde. 180 oder sogar 240 Minuten durchzuarbeiten macht in den seltensten Fällen Sinn. Sie schaffen mehr, wenn Sie regelmäßig kleine Pausen einbauen und somit in der Summe des Tages weniger Minuten arbeiten. Gleichzeitig sind Sie in dieser kürzeren Arbeitszeit dennoch produktiver.

Manchmal höre ich in einer Pause laute Musik: Wenn ich mir dann spontan Atomic von Blondi mit Lautstärke acht auf Alexa anhöre oder White Wedding von Billy Idol, dann geht meine Energie nach oben.

Am Nachmittag sinkt bei mir oft die Konzentration. Da hilft mir immer wieder ein Powernap von 20 bis 25 Minuten. Danach gehe ich sofort an die frische Luft für zwei Minuten und arbeite dann viel konzentrierter weiter.

Todsünde 5: Zum Eigenbrötler werden

Einer der wichtigsten Motivationsfaktoren für Menschen bei der Arbeit ist das kollegiale Umfeld. Denn wir sind süchtig nach Oxytocin. Und dieses Hormon entsteht, wenn wir uns sicher, geborgen und im Kollegenkreis gut aufgehoben fühlen.

Doch die Kollegen vom Nachbarschreibtisch sind nun weg. Oder besser gesagt: nicht mehr neben Ihnen. Also holen Sie sie in Ihren Alltag zurück. Schicken Sie einminütige Blödel-Videos an Kollegen oder Freunde oder auch gern eine Sprachnachricht beim Spazierengehen oder Mittagessen in der Sonne. Ja, für diesen Zweck der Kontaktaufnahme finde ich Kurz-Videos super. Nutzen Sie das kostenlose Zoom, FaceTime oder MS Teams, um sich fachlich nicht nur telefonisch auszutauschen, sondern auch visuell. Schicken Sie persönliche Scherze und kleine Aufheiterungen und intensivieren Sie so den persönlichen Kontakt zu Kollegen, Freunden und anderen Menschen.

Wenn ich beruflich unterwegs bin, schicke ich meinen Kindern sehr häufig kurze Videos, genannt „Papa-TV“. Dann gibt es kurze Episoden aus meinem

Leben, manchmal auch mit „Gaststars“ – meistens sind das dann Freunde, mit denen ich gerade Zeit verbringe. Macht mir Spaß, sie zu drehen und zu schicken, und meinen Kindern macht es Spaß, sie zu sehen. Mit Ihrem Humor-Posts wird es Ihren Kollegen ebenso gehen.

Oder verabreden Sie sich auf einen Kaffee mit einem oder mehreren Kollegen – das geht sehr gut auch per Video-Call um 12:00 Uhr, wenn Sie bereits einige große Aufgaben bewältigt haben. Stellen Sie sich dabei einen Timer auf 5 oder 10 Minuten, um die Pause nicht ausufern zu lassen. Eine meiner Kundinnen gönnt sich mit ihren Kollegen gegen Abend einen Afterwork-Drink per Video-Call. Andere essen gemeinsam in der Video-Konferenz zu Mittag.

Das Entscheidende ist: Wer hat die Verantwortung für eine gute Arbeitsatmosphäre in Ihrem Team? Ihr Chef? Der Papst? Angela Merkel? Nein, allein Sie haben diese Verantwortung. Also tun Sie etwas für die gute Stimmung in Ihrem Team. Viele kleine, nicht zeitfressende Gesten haben einen großen positiven Effekt. Beginnen Sie noch heute mit einer konkreten Aktivität, um Ihr Team aufzuheitern und zueinander zu bringen. Haben Sie zusammen Spaß!

Todsünde 6: Sich ständig unterbrechen lassen

Es ist also super für die Stimmung im Team, sich auszutauschen und mal ein Späßchen zusammen zu machen. Schädlich für die Konzentration und die Produktivität wäre es allerdings, mehrmals pro Stunde den Arbeitsfluss für Gespräche mit Kollegen oder deren E-Mails zu unterbrechen. Vereinbaren Sie daher zum Beispiel, dass Gespräche und persönlicher Austausch nur im morgendlichen Stand-up-Call und dann erst wieder ab 12 Uhr stattfinden. Davor arbeitet jeder hochkonzentriert an seinen Prioritäten. Den Flugmodus Ihres Mobiltelefons können Sie auch nutzen, wenn Sie nicht fliegen.

Ich weiß noch, dass wir damals als Angestellte bei Unilever manchmal am Samstag arbeiteten. Da waren die Büros zu 99 Prozent leer. An einem Samstag konnte ich richtig viel wegschaffen, da die ständigen Unterbrechungen ausblieben. Das konzentrierte Arbeiten ist der Segen eines Homeoffice für mich. Und auch für Sie, wenn Sie es klug nutzen. Meinen Mitarbeiter lasse ich zurzeit erst ab 12 Uhr in unser Büro. So kann ich vormittags hochkonzentriert für mehrere Stunden sehr produktiv arbeiten – so wie ich jetzt intensiv an diesem Text tüftle. Jede Unterbrechung kostet Zeit, Konzentration und Ergebnisse. Wer tiefer einsteigen möchten, dem empfehle ich Cal Newports Buch „Konzentriert arbeiten". Das Buch war für mich augenöffnend.

Todsünde 7: Kein Feedback geben

Gibt Ihnen Ihr Chef eigentlich ausreichend Feedback? Vier von zehn Mitarbeitern wünschen sich mehr Rückmeldung vom Chef. Warten Sie nicht darauf, dass Ihr Chef sich ändert. Übernehmen Sie selbst Verantwortung. Sprechen Sie mit Ihren Kollegen darüber. Und beginnen Sie einfach, sich untereinander regelmäßig Feedback zu geben. Ich bin mir sicher, dass Sie an jedem Tag ein Verhalten feststellen können, das Sie an einem Ihrer Kollegen schätzen. Das können kleine Dinge sein, wie eine besonders schnelle Antwort. Wenn Sie Ihr Dankeschön aufwerten wollen, dann rufen Sie kurz an und sagen so etwas wie: „Weißt du, Susanne, das finde ich toll bei dir. Ich kann mich einfach auf dich verlassen. Heute Morgen zum Beispiel hast du mir schon innerhalb von 2 Stunden die Antwort auf meine Frage gemailt. So kann ich schnell den Fall weiterbearbeiten und abschließen. Danke dafür!" Das kostet Sie weniger als eine Minute. Und raten Sie mal, wer beim nächsten Mal vermutlich wieder weniger als 2 Stunden brauchen wird, um Ihre Anfrage zu beantworten? Und raten Sie mal, wer infolge eines solchen Dankeschöns künftig besser mit Ihnen zusammenarbeiten wird? Genau! Sie gestalten die Feedback-Kultur in Ihrem Team! Warten Sie nicht auf andere oder Ihren Chef. Fangen Sie noch heute damit an: Geben Sie ein mündliches Feedback pro Tag an eine Ihrer Kolleginnen und einen Kollegen – per E-Mail oder noch besser am Telefon oder in einem Video-Call.

Todsünde 8: Zur Couchpotato mutieren

Sie schaffen es nicht, regelmäßig Sport zu treiben? Ging mir früher auch so. Erst als ich mir Sportziele gesetzt habe und jedes Mal, wenn ich es nicht geschafft habe, 100 Euro als Strafe an meine Frau gezahlt habe, habe ich es geschafft. Mehr Details lesen Sie auf meiner Homepage im Blog-Impuls 196 „Umsetzungsdisziplin und Gewohnheiten". Und wenn Ihr Sportverein keine (passenden) Trainings und Kurse mehr anbietet? Kein Problem? Bei YouTube gibt es alles. Mit Zoom gibt es kostenlose Möglichkeiten, per Video Kurse zu leiten. Solche Online-Trainings habe ich selbst auch schon von meinem Capoeira-Lehrer erhalten und sehr genossen. Auch im engen Schlafzimmer funktionieren die Übungen per Video-Konferenz und ich komme dabei gut ins Schwitzen. Die Adrian James App für kurze intensive 15-Minuten-Workouts ist sehr zu empfehlen. Für ein Online-Yoga-Training eignen sich lululemon auf YouTube oder Pamela Reif, ebenfalls mit kostenlosen Workouts auf YouTube.

Der Weg vom Bett zum Schreibtisch ist noch kein Morgensport. Also, nutzen Sie auch kleine Gelegenheiten, im Homeoffice in Bewegung zu kommen. Bewegen Sie sich zu Fuß oder mit dem Fahrrad zum Bäcker und zum Einkaufen. Ziehen Sie die Laufschuhe an und gehen Sie damit einfach vor Ihre Haustür. Wenn Sie nun schon dort stehen, können Sie ja auch joggen gehen. Und auch Gartenarbeit ist Sport. Also raus mit Vertikutierer, Spaten und Heckenschere und ran an den Speck.

Wenn unser Körper sich intensiv bewegt und schwitzt, tun wir viel für unser Wohlbefinden, unsere Kraft und unser Immunsystem. Also, wann legen Sie los?

Todsünde 9: Nur noch zu Fastfood greifen

Lecker ist das Zeug ja, keine Frage. Aber wir alle wissen, dass es nicht gesund ist. Auch wenn auf dem Döner zur Tarnung noch ein Salatblatt obendrauf liegt. Klar, wenn im Homeoffice die Kantine mit der Salatbeilage oder dem Salatbuffet wegfällt und Sie ungern viel Zeit zum Kochen investieren möchten, liegen Gerichte mit schnellstmöglicher Zubereitung, wie Tiefkühlpizza, Mikrowellen-Fertiggerichte und Fertigsaucen, nahe. Aber es gibt gesunde, stärkende Alternativen.

Vor fast 20 Jahren wurde ich auf die Werbung der Gemüse und Obst produzierenden Industrie aufmerksam. Mit „5 am Tag" warb sie damals dafür, fünfmal am Tag eine Portion Gemüse oder Obst zu verzehren. Damals begann ich nicht Obst und Gemüse einzukaufen, sondern Punkte. Fünf am Tag waren das Ziel. Wer das Buch „Der Ernährungskompass" von Bas Kast kennt, weiß, dass Gemüse noch besser ist als Obst.

Heute ist täglicher Gemüsekonsum meine etablierte Gewohnheit. Es gehört für mich einfach dazu, viel Gemüse einzukaufen und am Buffet oder auf den Speisekarten im Restaurant nach Gerichten mit einem hohen Gemüseanteil Ausschau zu halten. Egal ob gekocht oder roh, rein mit den Vitaminen und Ballaststoffen! Meine Highlights sind außerdem Nüsse und Hülsenfrüchte. Früher dachte ich immer: „Was essen diese Ökos da für einen Schrott!" und habe mir Spaghetti Bolognese reingepfiffen. Lecker war das! Heute bin ich selbst so ein „Ökozeugfutterer" ☺

Aber es tut einfach gut. Und: Jede Mahlzeit ohne Fastfood und mit einem Stück Gemüse hilft und ist ein Beitrag zu Ihrer Schaffenskraft.

Todsünde 10: Aufräumen während der Produktivzeit

Den Keller aufräumen, die alte Plattensammlung sortieren, den wackelnden Stuhl fixen – das alles macht viel Spaß, wenn Arbeit auf dem Schreibtisch wartet, ist aber sicherlich keine gute Idee, wenn dafür das Wichtige unerledigt bleibt. Aber aufräumen und sich schön einrichten tut gut. Befreien Sie Ihren Keller von allen Sachen, die Sie nicht benötigen – nach der Arbeit. Wenn Sie Kinder haben, dann lassen Sie sie mitmachen. In vielen Orten gibt es Tauschhäuser, Tauschecken und Umsonstläden, an denen Sie alte Bücher, Geschirr und Kleidung abgeben können. Ich selbst habe einige Sachen bei eBay eingestellt und verkauft. Das war auch schön, hat aber am Ende mehr Zeit gekostet, als es mir Geld gebracht hat. Am meisten Spaß macht es mir, die Dinge einfach zu verschenken an Menschen, die damit noch viel Freude haben werden.

Richten Sie sich gern einen Arbeitsplatz oder eine Arbeitsecke ein, an dem oder der keine ablenkenden Dinge herumliegen. Nur wie schon oben erwähnt: Räumen Sie nicht morgens auf oder wann immer Sie am produktivsten sind, sondern als Belohnung zwischendurch mit Zeitlimit oder am Ende Ihres Arbeitstages.

Todsünde 11: Immer schick und immer gestylt sein

In meinem Homeoffice lege ich nicht viel Wert auf Styling und schicke Kleidung. Ich meinen gemütlichen Klamotten fühle mich am wohlsten. Weil ich mich so gut auf das Wesentliche konzentrieren kann, bin ich im Homeoffice meist leger gekleidet und auch mal ungeduscht mit zerzausten Haaren.

In einer normalen Woche mache ich ca. vier-, manchmal fünfmal Sport. Das können jeweils 15 Minuten sein mit der App oder auch anderthalb Stunden beim Capoeira. Meistens dusche ich nur nach dem Sport. Das reicht mir völlig aus. Also übertreiben Sie es morgens nicht mit Ihrer investierten Zeit in Ihr Aussehen. Nutzen Sie die Zeit lieber produktiv.

Wenn Sie allerdings zu den Menschen gehören, bei denen ein gutes Outfit und Styling die konzentrierte Arbeit fördern, dann nutzen Sie dies zum Vorteil Ihrer eigenen Produktivität. Sinn macht es auf jeden Fall, so gut gekleidet und gestylt zu sein, dass Sie in einer spontanen Video-Konferenz passend aussehen.

Todsünde 12: Zukunftsängste schüren

Mich als selbstständigen Redner, Trainer und Coach trifft die aktuelle „Corona-Krise“ mit voller Wucht: Für die nächsten Wochen sind sämtliche persönlichen Auftritte storniert. Das macht nicht gerade Spaß. Mir schoss schon die Frage durch den Kopf: „Was, wenn unsere Branche sich nicht wieder erholt?“ Was für eine blöde Frage! Gute Leute wie ich werden immer gebraucht. Genau wie gute Leute wie Sie immer gebraucht werden. Also habe ich durchgeplant, wie ich mein Leben finanziere, wenn ich die nächsten sechs, neun oder zwölf Monate null Euro Einkommen haben werde. Zwölf Monate sind mein Worstcase-Szenario. So genieße ich jetzt den April und den Mai, um mir gezielt strategische Gedanken über mein Business zu machen. Ich darf noch mehr schreiben, was mir große Befriedigung gibt, ich gebe kostenlose und gebuchte Online-Live-Trainings und produziere mehr YouTube Videos für meine Kunden und Leser.

Gleichzeitig ist all das meine Werbung, um Führungskräfte und Unternehmen mit hilfreichen Inhalten auf mich aufmerksam zu machen. So werde ich von Buch zu Buch, von Video zu Video ein Stück bekannter.

Ich schreibe pro Woche zehn- bis zwölfmal in mein Dankbarkeitsbuch, am Abend und auch am Morgen. Ich bin dankbar für viele große und kleine Dinge. Gestern war es z. B. ein 15-minütiges Sonnenbad auf der Liege im Garten. Dadurch, dass ich mir positive Gedanken und Erlebnisse immer wieder in mein Gedächtnis hole, steigen meine Stimmung und meine Laune an. Ich gehe mit positiven Gedanken ins Bett und wache oft auch wieder mit starken Gedanken auf.

Derzeit haben wir mit Corona eine extreme Krise. Klar informiere auch ich mich immer wieder über den Stand von Corona. Aber nicht jeden Tag. Ich weiß ja auch so, dass die Lage ernst ist und es mein bester Beitrag ist, möglichst wenige oder gar keine Menschen zu treffen. Dafür benötige ich aber nicht die täglich wachsende Fallzahl in Deutschland und der Welt. Viele negative Nachrichten schaden uns. Sie liefern einfach keinerlei gute Energie. Spannend finde ich, dass es in China besser zu werden scheint. Dieser Nachricht gebe ich in meinem Denken gern Raum.

Und sprechen Sie auch nicht ständig über „Corona“, die schlechte Konjunktur, die böse Weltpolitik oder andere schreckliche Dinge mit Ihren Kollegen. Tauschen Sie doch lieber den besten Pausen-Tipp oder den besten Konzentrations-Tipp mit Ihren Kollegen aus. Das bringt Sie auf gute Gedanken.

Gute Mitarbeiter und Führungskräfte werden in dieser Welt immer gebraucht: und zwar gesunde, geistig fitte und weitergebildete Menschen. Daher schaue ich mir fast jeden Morgen ein mich positiv inspirierendes Video an. TED, GEDANKENtanken oder andere Videos auf YouTube von meinen Lieblingskollegen geben mir frische, starke und gesunde Nahrung. Diese 10 bis 20 Minuten sind bestens investiert für meinen produktiven Tag.

Und: Einige meiner Kunden buchen mich inzwischen für Online-Coachings oder Online-Trainings, da der Weiterbildungsbedarf der Führungskräfte und Mitarbeiter ja auch in Zeiten von viel Homeoffice gegeben ist.

Also: Sollten Sie eine Unsicherheit empfinden aufgrund der Corona-Situation, der nachlassenden Konjunktur oder was auch immer, so ist das absolut in Ordnung. Dann überlegen Sie sich gezielt: Wie kann ich meinen persönlichen Wert steigern, mehr lernen und mich qualifizieren, dass ich viel leichter bei Bedarf einen neuen Job finden kann? Vom Jammern und Nachrichtengucken werden Ihre Chancen nicht besser. Vom Lernen und Horizont-Erweitern auf jeden Fall! Was ist eine Sache, die Sie schon immer mal lernen wollten und für die Sie Ihre Homeoffice-Zeit nutzen können?

Todsünde 13: Unsicherheit und Unklarheit hinnehmen

In Veränderungssituationen gibt es zwangsläufig Unsicherheiten. Viele Fragen bleiben oft unbeantwortet. Zum Teil, weil Chefs die Fragen nicht beantworten. Am häufigsten allerdings, weil die Mitarbeiter ihre Fragen nicht oder nur zaghaft stellen und sich mit halbgaren Antworten zufriedengeben. „Hast du das heute Morgen im Meeting mitbekommen? Der Chef hat auf Silkes Frage überhaupt nicht richtig geantwortet. Immer fertigt der uns so schnell ab." Das passiert im Homeoffice noch schneller, als wenn man sich gegenübersitzt.

Einigen Sie sich daher mit Ihrem Chef darauf, einen bis zwei Kollegen zu bestimmen, die proaktiv in diesen unsicheren Zeiten bei allen Mitarbeitern wöchentlich Fragen und Probleme sammeln und diese dann gebündelt an den Chef weitergeben. Der beantwortet dann einmal pro Woche im Teammeeting diese Fragen oder bei Bedarf auch sofort. Und wenn eine Frage nicht beantwortet wurde, dann steht diese Frage in der Folgewoche wieder auf der Liste. Bleiben Sie hartnäckig und auch mal unangenehm. Bei der täglichen Arbeit sollen Sie ja auch mit Biss und Hartnäckigkeit dranbleiben. Also tun Sie das selbstverständlich auch bezüglich Ihrer Fragen an den eigenen Chef.

Todsünde 14: Mit Kindern zu Hause Vollzeit arbeiten

Ich halte es für unmöglich, mit betreuungsbedürftigen Kindern 8 Stunden am Tag zu arbeiten. Unternehmen oder Chefs, die das einfordern, verkennen die Situation. Ich hatte mal eine Teilnehmerin, die, als alleinerziehende Mutter, mir am Abend um 21 Uhr E-Mails schickte. Denn auf 8 Stunden pro Tag konnte sie nur kommen, wenn sie nachts arbeitete. Irgendwann ging es dieser Teilnehmerin an ihre Substanz und auch die schulischen Leistungen des Sohnes gingen zurück.

Sprechen Sie daher mit Ihrem Chef offen über die Situation und suchen Sie nach kreativen Lösungen, wie Sie regelmäßig Leistung im Beruf abrufen und gleichzeitig langfristig gesund bleiben können. Aber eben nicht 8 Stunden lang voll konzentriert an fünf Tagen pro Woche.

Ob Sie Kollegen haben, die eine Stunde pro Woche für Sie mitarbeiten, ob Ihr Chef Ihnen jeden Tag 1 bis 2 Stunden schenkt – gehen Sie mit allen Beteiligten offen in den Austausch über dieses Thema und seien Sie kreativ bei der Lösungsfindung.

Doch wie sorgen Sie für Konzentration, wenn Ihre Kinder auch Ihre Aufmerksamkeit brauchen?

8 Ideen für Ihre Kinder am Beispiel des „Corona-Homeschooling":

1. Sprechen Sie mit Ihren Kindern über ihre Lernpflicht während der Corona-Zwangspause. Verabreden Sie, dass Ihre Kinder genauso viele Stunden lernen, wie sie sonst Unterricht hätten. Sprechen Sie darüber mit

Ihren Kindern im Dialog, nicht im Monolog. Holen Sie sich die explizite Zustimmung Ihrer Kinder ab.

2. Etablieren Sie zeitliche Lernroutinen für Ihre Kinder: Erstellen Sie einen Stundenplan mit dickem Marker auf einem großen Blatt, den die Kinder von schon von Weitem lesen können. Zum Beispiel 8:00 bis 8:45 Fach 1, 8:45 bis 9:00 Pause mit Snack und frischer Luft, 9:00 bis 9:45 Fach 2, 9:45 bis 10:15 Pause mit Wettrennen auf einer bestimmten Strecke und inkl. Zeitmessen. So wollen Ihre Kinder von Tag zu Tag besser werden und haben gleichzeitig die wichtige tägliche Bewegung.

3. Richten Sie einen Arbeitsplatz für jedes Kind ein, an dem es konzentriert arbeiten kann und möglichst wenig Ablenkungen hat.

4. Lassen Sie Ihre Kinder jeden Tag mit dem Smartphone ein Video produzieren, in dem sie etwas spielen, erzählen oder aufführen. Das Video bekommen dann die Großeltern und andere Verwandte. Dafür benötigen Ihre Kinder die volle Konzentration. Und Sie haben eine Stunde mehr zur Verfügung, um konzentriert an Ihren Aufgaben zu arbeiten.

5. Etablieren Sie Pflichten für Ihre Kinder, wie Tisch decken, Tisch abräumen und Müll rausbringen. Schreiben Sie auch das sichtbar auf. Bedanken Sie sich bei Ihren Kindern für ihre Hilfe explizit. Aber bitte nur verbal bedanken, nicht mit Süßigkeiten oder anderen Bestechungen.

6. Überlegen Sie sich: Welche zehn Dinge sollen Ihre Kinder von Ihren fürs Leben lernen? Unterrichten Sie jede Woche einen weiteren Punkt und lassen Sie Ihre Kinder davon ein Bild malen oder ein weiteres Video drehen.

7. Nutzen Sie Online-Lernangebote für Kinder: Anton, Sofatutor, Scoyo, Känguruh-Mathe-Test, Duolingo. Es gibt viele Optionen. Manch ein Kind lässt sich so einfacher zum Lernen motivieren. Ein Check, ob die Kinder auch wirklich die Lern-App nutzen und nicht TikTok, könnte ab und zu hilfreich sein.

8. Dankbarkeit: Bringen Sie Ihre Kinder in eine positive Stimmung. Auch für Kinder ist die Situation, in der Corona-Zeit ihre Freunde nicht sehen zu dürfen, schwer. Schreiben Sie deshalb am Abend gemeinsam ein bis drei Dinge in einem Dankbarkeitsnotizbuch auf, die an diesem Tag richtig toll waren. Meine Tochter malt das auch sehr gern und präsentiert es uns im Anschluss schauspielerisch oder liest es uns vor. Dankbarkeit tut gut. Und positive Gedanken ziehen weitere positive Dinge an.

Todsünde 15: Keinen klaren Feierabend machen

Den Feierabend leite ich ein, in dem ich Prioritäten für den nächsten Tag plane. So komme ich am nächsten Tag an meinen Schreibtisch und dort erwartet mich schon ein Zettel mit meinen Prioritäten. Schalten Sie nach Ihrem Feierabend die geschäftlichen Nachrichten und Telefonate aus, schließen Sie die Arbeitszimmertür – das ist ja ein alter Hut. Aber tun Sie es auch? Diesen Hut sollten wir alle regelmäßig aufsetzen, ich auch. Unser Gehirn ist nur dann am nächsten Morgen hochleistungsfähig, wenn es eine Regenerationspause hatte und wirklich von der Arbeit „abgeschaltet" hat. Das geht nur mit einer klaren Zäsur und dem Signal: Jetzt ist Feierabend! Gönnen Sie sich diese Pause. Sie haben sie redlich verdient!

* * *

Sie haben alles in der Hand. Als Mitarbeiter. Als Führungskraft. Niemand sonst. Münzen Sie also Unzufriedenheit, Unklarheit und Unsicherheit in Lust, Motivation und Tatkraft um. Es bedarf vielleicht des einen oder anderen Kniffs. Aber die Kniffe sind alle schaffbar. Auch für Sie!

Ach, übrigens: Es muss nicht immer Spaß machen, einen dieser Tipps umzusetzen, wie morgens nach dem Aufstehen für 15 Minuten beim Frühsport ins Schwitzen zu kommen. Doch hinterher werden Sie sich freuen. Erfolgreiche Menschen tun auch Dinge, die keinen Spaß machen, aber wichtig sind. Es lohnt sich, wichtige Dinge zu tun, die keinen Spaß machen. Dafür erreichen Sie Ihr Ziel besser und schneller.

Kapitel 2: Mitarbeiter im Homeoffice zu Lust und Leistung führen

Dieses Kapitel richtet sich an Führungskräfte. Doch auch Mitarbeiter können diese Tipps selbst oder gemeinsam mit ihren Führungskräften umsetzen.

Führungskräfte stehen vor zwei Herausforderungen: Erstens: Die Mitarbeiter sollen sich grundsätzlich gut, sicher und geborgen fühlen – auch wenn es mal anstrengend sein darf. Zweitens: Gemeinsam mit ihren Mitarbeitern sollen gute Ergebnisse produziert werden. Beide – die gute Grundstimmung und die guten Ergebnisse – bedingen sich gegenseitig. Beide sind gleich wichtig!

Der wichtigste Punkt fürs Führen auf Distanz ist Ihre Einstellung. Denn viele Mitarbeiter sind in einer neuen Situation, sie sehen sich neuen Herausforderungen gegenüber und sie müssen sich mit neuen Umständen arrangieren, die sie so bislang noch nie zuvor hatten. Deshalb brauchen die Mitarbeiter insbesondere eins: Ihre Führung.

Führungskräfte haben die Aufgabe, Mitarbeiter auf ihrem Weg zu begleiten und sie zu befähigen, neue Herausforderung anzunehmen. Das ist bei einigen Mitarbeitern ein Selbstläufer, bei den meisten allerdings nicht. Manch ein Mitarbeiter hat Probleme, sich im Homeoffice selbst zu organisieren, manch einen lenken Familie und Kinder zu Hause ab und manch einer vermisst einfach die gewohnte Gesellschaft seiner Kollegen.

Jede Veränderung braucht Führung und viele Gespräche, bevor ein Mensch diese wirklich in das tägliche Handeln integrieren kann. Wenn Mitarbeiter plötzlich im Homeoffice arbeiten, so gilt es erst einmal, neue Gewohnheiten zu etablieren. Solange die neuen positiven Gewohnheiten noch nicht in Fleisch und Blut übergegangen sind, braucht es Ihre intensive Führung.

Kümmern Sie sich also um Ihre Mitarbeiter im Homeoffice. Haben Sie das Wohl Ihrer Mitarbeiter im Fokus. Die brauchen jetzt nicht weniger, sondern mehr Aufmerksamkeit und Zeit. Sollten Sie aufgrund von anderen Führungsherausforderungen in diesen unruhigen Zeiten keine Zeit in Ihre Mitarbeiter investieren, so wird es Ihnen nicht gelingen, diese gut und zu hoher Produktivität zu führen. Wenn Sie sich jedoch um Ihre Mitarbeiter kümmern, dann werden diese sich auch um Ihre Belange bemühen, nämlich die tägliche Arbeit. Halten Sie immer Ihr Wort. Dies ist umso wichtiger, wenn die Mitarbeiter Sie nicht jeden Tag sehen.

Gestern Nachmittag hatte ich in meinem Homeoffice das Gefühl, dass mir die Decke auf den Kopf fällt. Ich konnte mich einfach nicht mehr konzentrieren. Das wird bei Ihren Mitarbeitern nicht anders sein. 8 Stunden allein vor dem Computer zu sitzen, ermüdet und zehrt an den Kräften.

Also bin ich raus an die Luft gegangen. Nach einer Stunde Fahrradfahren und einigen Telefonaten mit Kollegen ging es mir wieder besser. Richtig gut sogar!

Für solche und andere Herausforderungen benötigen Ihre Mitarbeiter Ihre Unterstützung. Also seien Sie nicht nur grundsätzlich erreichbar, sondern gehen Sie proaktiv auf Ihre Mitarbeiter zu, kümmern Sie sich um sie. Ja, kümmern Sie sich! Wie Sie sich proaktiv um Ihre Mitarbeiter kümmern, lesen Sie in den folgenden dreizehn Tipps.

Tipp 1: Vertrauen Sie!

Vertrauen Sie Ihren Mitarbeitern, dass sie wirklich 8 Stunden im Homeoffice arbeiten? Vertrauen Sie Ihren Mitarbeitern, die Zeit produktiv zu nutzen? Nun, wie haben Sie das denn bisher gemacht? Haben Sie sich hinter Ihre Mitarbeiter gestellt und die Effektivität jedes Mausklicks überprüft? Haben Sie jede E-Mail in Kopie erhalten und auf eine gute Struktur gecheckt? Haben Sie sich die Tagesergebnisse jeden Abend berichten lassen? Natürlich nicht. Also vertrauen Sie zunächst einmal darauf, dass Ihre Mitarbeiter das, was Sie im Büro machen, auch zu Hause erledigen.

Und die Arbeitszeit?
Wenn in Ihrem Unternehmen bisher Vertrauensarbeitszeit ohne Stechuhr galt, regeln Sie das nun genauso im Homeoffice. Und falls die Arbeitszeit bisher erfasst wurde, so erfassen Sie die Arbeitszeit auf eine einfache Art und Weise in Listen, Excel oder Ihrer unternehmenseigenen Software auch im Homeoffice.

Tipp 2: Sorgen Sie für funktionierende Technik

Gestern telefonierte ich mit einem meiner Kunden im Homeoffice. Der war so richtig genervt und frustriert über die langsame Internetverbindung. So etwas kostet Konzentration und Ergebnisqualität. Sorgen Sie also für die technischen Möglichkeiten, um ein reibungsloses Arbeiten sicherzustellen. So wie es eben kurzfristig möglich ist: mit Laptops, Smartphones und existierenden Internetverbindungen. Ist dies ein Problem, so seien Sie für Ihre Mitarbeiter da und kümmern Sie sich um ihre Sorgen und Nöte. Setzen Sie sich für Ihre Mitarbeiter im Homeoffice ein. Machen Sie den Entscheidern in Ihrem Unternehmen die Bedeutsamkeit von Investitionen in die IT-Infrastruktur klar, so lange, bis Sie das Benötigte erhalten. Übernehmen Sie Kosten, wenn ein Mitarbeiter seine WLAN-Bandbreite erhöht. Kaufen Sie notwendige erleichternde Gerätschaften. Sie reduzieren damit möglichen Frust und erhöhen die Produktivität Ihrer Mitarbeiter. Übernehmen Sie Führung und Verantwortung für dieses wichtige Thema.

Tipp 3: Sagen Sie „danke"

Sollten Sie das noch nicht getan haben, so bedanken Sie sich bei Ihren Mitarbeitern für ihr – nicht nur in einer aktuellen Krise – oft plötzliches und zum Teil ungewolltes Arbeiten im Homeoffice. Diese machen die Veränderung mit, meist ohne viel zu murren. Manch einer nutzt sogar den eigenen Laptop oder die private Internetverbindung. Manch einer hat eine Doppelbelastung, weil er sich auch noch gleichzeitig um Familienangehörige kümmert. Fallen Sie vor Ihren Mitarbeitern nicht auf die Knie – das können Sie ja sowieso nicht machen, weil diese Sie nicht sehen –, aber äußern Sie explizit Ihren Dank für das Engagement Ihrer Mitarbeiter bei dieser zusätzlichen Arbeits-Herausforderung.

Tipp 4: Kümmern Sie sich wirklich um die Mitarbeiter

Als Führungskraft können Sie jetzt eine meiner Lieblingsführungsfähigkeiten trainieren: Fragen stellen und zuhören. Ich meine *richtiges* Zuhören. Nicht nur warten, bis der andere zu Ende gesprochen hat, und dann die eigene Meinung kundtun, sondern *wirklich* zuhören. Wirklich zuhören heißt, die Zwiebel zu schälen, Schicht für Schicht: etwas hören und dann tiefer hineinfragen, bis Sie verstanden haben, was Ihr Gesprächspartner tatsächlich meint.

Viele Führungskräfte sind sehr eloquent und nutzen viele Worte, um ihre Botschaft zu transportieren. Manchmal hören sie dabei weniger gut zu. Die Fähigkeit zuzuhören ist essenziell, wenn Sie Mitarbeiter auf Distanz gut führen wollen.

Auf Distanz führen heißt unter anderem, herauszufinden, wie es dem Mitarbeiter geht. Fragen Sie: „Wie geht es dir?“, und meinen Sie es auch. Finden Sie heraus, wie es dem Mitarbeiter *wirklich* geht, wie es *wirklich* bei ihm läuft, was er *wirklich* braucht. Seien Sie neugierig und interessiert, *wirklich* interessiert. Wenn Sie für Ihre Mitarbeiter da sein und sich um sie kümmern wollen, dann erfassen Sie deren Gefühlslage, indem Sie Fragen stellen und dann wiederholt tiefer nachfragen.

Vereinbaren Sie feste Zeitpunkte, zu denen Sie Gespräche mit jedem einzelnen Mitarbeiter führen – zum Beispiel einmal pro Woche zu einem festen Termin. Stellen Sie ihm diese drei Fragen: „Was läuft gut?“, „Was läuft nicht so gut?“ und „Was möchtest du gern verändern?“. So führen Sie auf Distanz und sind gleichzeitig Ihrem Mitarbeiter nah.

Noch besser funktioniert dieses neugierige Erforschen mit einem wöchentlichen, monatlichen oder sporadischen Stimmungsbarometer: „Auf einer

Skala von 1 bis 10, wie gut kommst du mit den Herausforderungen des Homeoffice zurecht? Was ist schon gut? Und was fehlt in Richtung einer 10?"

Mit dieser Technik vermeiden Sie oberflächliche Antworten wie „läuft gut", „klappt okay" oder, wie hier oben in Hamburg üblich, „muss ja". Sie erhalten so auch Hinweise von den stillen Mitarbeitern. Denn eine 10 vergibt fast niemand. Und wenn ein Mitarbeiter keine 10 vergibt, dann muss es ja etwas geben, was besser funktionieren könnte. Durch die Skala von 1 bis 10 ermitteln Sie Zwischentöne und Informationen, die Sie sonst häufig nur schwer erfahren.

Nutzen Sie für Telefonate auch die kostenlose Variante von Zoom oder Ihre unternehmensinterne Video-Konferenz-Software. Sie erfahren einfach mehr von und über Ihre Mitarbeiter, wenn Sie Ihre Mitarbeiter nicht nur hören, sondern auch sehen. Außerdem zeigen Sie sich selbst in Ihrem häuslichen Umfeld. Somit geben auch Sie mehr über sich selbst preis, werden privater und regen so auch Ihre Mitarbeiter zu einem offenen Austausch an. Zeigen Sie sich in Video-Konferenzen bewusst nicht im schicksten Wohnzimmer, sondern im ganz normalen Arbeitszimmer oder in der Küche, um bodenständig zu wirken. Den Wäscheständer können Sie ja vorher wegräumen.

Schalten Sie alles aus, was Sie oder Ihre Gesprächspartner ablenken kann, wenn Sie im Homeoffice telefonieren oder per Video-Konferenz kommunizieren. Schauen Sie nicht nebenbei in Ihre E-Mails oder auf Ihr Handy und beobachten Sie keine anderen Dinge, die Sie ablenken könnten. Seien Sie nicht distanziert, sondern ganz nah. Seien Sie ganz für Ihre Mitarbeiter da und hören Sie ihnen zu. Ziel des Austauschs ist, die Stimmung und Zufriedenheit zu erfragen. Denn nur Menschen, die ausgeglichen und zufrieden sind, sind auch in der Lage, hohe Leistungen zu erbringen. Nehmen Sie sich also neben dem fachlichen Austausch ein konkretes Zeitfenster von zum Beispiel 10 bis 15 Minuten pro Woche für diesen persönlichen Austausch. Und sprechen Sie dabei nur 50 Prozent der Zeit. Stellen Sie viele Fragen, um die Situation Ihres Mitarbeiters richtig gut zu verstehen.

Lauschen Sie dabei auf potenzielle Tipps und Tricks, die für Sie oder andere Kollegen relevant sein können, und tragen Sie dieses Wissen weiter. Und wenn Sie berechtigte Bedürfnisse und Fragen hören, so sorgen Sie für entsprechende Antworten.

Wenn Sie viel zuhören, unbeantwortete Fragen erkennen und diese Fragen beantworten, nehmen Sie im Gespräch Ihren Mitarbeitern Angst und Unsicherheit. Diese Zeit ist sehr gut investiert. Denken Sie daran, dass Ihre Mitarbeiter meistens aus einem anderen Holz geschnitzt sind als Sie. Als Führungskraft haben Sie oft mehr Weitblick und Stärke. Geben Sie diese Fähigkeiten und Zuversicht an Ihre Mitarbeiter weiter. Indem Sie nur Dinge versprechen, die Sie auch halten können, indem Sie offen und ehrlich sind, indem Sie mögliche Entwicklungen für Ihr Team aufzeigen und indem Sie sich zuversichtlich und optimistisch geben, stärken Sie Ihre Mitarbeiter. Vorausschauend zu denken macht viel Sinn. Unterstützen Sie Ihre Mitarbeiter mit Ihren Antworten, zuversichtlich vorausschauend zu denken.

Tipp 5: Sprechen Sie sich untereinander ab – von Homeoffice zu Homeoffice

In Ihrem Büro gelten oder galten bestimmte Regeln für die Zusammenarbeit. Sie hatten oder haben vielleicht wöchentliche Teammeetings oder wöchentliche Eins-zu-eins-Gespräche.

Welche Absprachen Sie auch immer vorher hatten, behalten Sie diese bei. Und Sie benötigen für Ihre Mitarbeiter im Homeoffice zusätzliche Arten der Kommunikation und des Austauschs. Reduzieren Sie die räumliche Distanz. Besprechen Sie, wie Sie zusammenarbeiten und kommunizieren wollen, wie Sie sich abstimmen wollen, wie oft Sie sich austauschen wollen. Lassen Sie Ihre Mitarbeiter untereinander ohne Ihr Beisein diskutieren, welche Art von Austausch hilfreich ist. Gab es früher nur ein morgendliches Stand-up-Meeting, so gibt es vielleicht nun auch ein abendliches Abschluss-Meeting. Erfahrene Homeoffice-Mitarbeiter können den neuen Homeoffice-Kollegen in einem Paten- oder Buddy-System unterstützend zur Seite stehen. Diese Paare telefonieren zweimal pro Woche miteinander, um sich gegenseitig Tipps zu geben. Video-Konferenzen statt Telefonie kann zur normalen

Alternative werden. Ermutigen Sie Ihre Mitarbeiter darüber hinaus, ihre Kollegen anzurufen, um schnell Fragen zu klären. Regel: Mehr telefonieren, weniger mailen.

Probieren Sie aus und tüfteln Sie bei Bedarf weiter, um immer besser zu werden.

Tipp 6: Unterstützen Sie die Arbeitsorganisation im Homeoffice

Manch ein Mitarbeiter organisiert sich problemlos selbst, auch ohne die gewohnte Umgebung des Büros. Andere lassen sich häufig ablenken und schweifen mit ihrer Konzentration von ihren Prioritäten ab. Besprechen Sie diesen Punkt daher explizit im Teammeeting und vertiefen Sie diesen Aspekt in den festgelegten Paten- oder Buddy-Paaren weiter. Und da die Prioritätensetzung ein essenzieller Punkt ist für ergebnisorientiertes Arbeiten, sammeln Sie im Dialog die besten Tipps zur Selbstorganisation. Vielleicht können sogar Sie als Chef noch den einen oder anderen Tipp bekommen, wie Sie sich noch besser organisieren können.

Und was, falls es einem Ihrer Mitarbeiter schwerfällt, wenn z. B. wie in der aktuellen Krise die Kinder nicht mehr in die Schule gehen dürfen und dadurch ein intensiver Betreuungsaufwand entsteht? Was tun, wenn ein Kind krank ist? Die Vereinbarkeit von Beruf und Familie ist ein Motivator für viele Eltern. Klar könnten Sie – je nachdem, welche Regeln in Ihrem Unternehmen bei kranken Kindern gelten – auf die Erfüllung des Arbeitsvertrages von 6 oder 8 täglichen Arbeitsstunden pochen. Aber es wird Ihnen wenig nutzen. Wenn Sie Pech haben, dann meldet sich Ihr Mitarbeiter einfach krank. Suchen und finden Sie besser im Dialog eine Lösung, die in einer Zeit der Krise für alle Beteiligten passt. Wenn Sie Ihren Mitarbeitern entgegenkommen und diese spüren, dass Sie ihre Sorgen, Nöte und Bedürfnisse verstehen, dann werden Ihre Mitarbeiter das mit Treue und hohem Engagement zurückzahlen.

Tipp 7: Strukturieren und führen Sie Meetings effizient

9 Tipps für gute Meetings:

1. Agendapunkte vor dem Meeting von einer Person sammeln lassen. Festlegung der finalen Agenda ist Chefsache.
2. Klare Agenda mit Zielsetzung pro Agendapunkt aufstellen, nicht nur pro Thema.
3. Zeitdauer pro Agendapunkt festlegen, um sich nicht zu verzetteln.
4. Pünktlich beginnen, pünktlich aufhören.
5. Nur jeweils einer spricht.
6. Mikrofon aus, wenn jemand nicht spricht.
7. Maximale Sprechzeiten können Sinn machen. Dies wird von einem Moderator überwacht und angesagt: „Noch 15 Sekunden".
8. Der Moderator achtet auch auf die Zeiteinhaltung jedes geplanten Agendapunktes: „Noch 2 Minuten".
9. Protokoll parallel von einem Teammitglied schreiben lassen. Nur Ergebnisse festhalten, nicht, was besprochen wurde. Pro Agendapunkt lautet das Ergebnis immer: Wer? Was? Bis wann?

Tipp 8: Delegieren Sie ins Homeoffice

Unter Umständen ändern sich mit einer anderen räumlichen Anordnung auch individuelle Ziele, Aufgaben und Pflichten. Diese gilt es neu zu definieren und explizit abzustimmen. Gehen Sie nicht davon aus, dass schon „alles klar" ist. Im Zweifel fixieren Sie wichtige Themen schriftlich.

Viele Führungskräfte delegieren Aufgaben per E-Mail oder in einem Monolog. Für bekannte Aufgaben ist das auch völlig in Ordnung. Der Mitarbeiter sagt einfach „ja" dazu, dass er die Aufgabe übernimmt. Im Büro sehen Sie dabei das freudige Gesicht Ihres Mitarbeiters, der sich sofort voller Energie an die Aufgabe machen will. Dies fällt nun weg.

Delegieren Sie daher Aufgaben an Homeoffice-Mitarbeiter im Dialog. Fragen Sie im Delegationsgespräch immer wieder:

- Wie siehst du das?
- Wie möchtest du darangehen?
- Welche einzelnen Schritte schlägst du vor?
- Welche Meilensteine machen für dich Sinn?
- Welches Timing würdest du ansetzen?
- Welche Abstimmungsschritte möchtest du vereinbaren?

So haben Sie eine höhere Sicherheit, dass Ihr Mitarbeiter und Sie nach einem Delegationsgespräch das gleiche Verständnis über eine Aufgabe haben. Auf diese Weise erzielen Sie gedankliche Nähe und Verständnis trotz räumlicher Distanz.

Und: Lassen Sie Ihre Mitarbeiter am Schluss die konkreten Arbeitsschritte und das Timing kurz mündlich zusammenfassen. Tun Sie das auf keinen Fall selbst. So hören Sie auch gleich aus der Stimme heraus, wie hoch die Umsetzungsmotivation Ihres Mitarbeiters ist. Lieber einmal mehr zusammenfassen lassen als Missverständnisse riskieren.

Und wie zuvor schon angemerkt: Haben Sie gern hohe Erwartungen an Ihre Mitarbeiter. Ihr Unternehmen braucht das exzellente Engagement aller. Die gute Nachricht: Menschen wollen leisten und einen Beitrag zum Team leisten. Wer an dieser Behauptung zweifelt, liest meinen Blog-Impuls 202 „Alle Menschen wollen leisten“.

Tipp 9: Vermeiden Sie Kontrollwahn

Treffen Sie grundsätzliche Absprachen bezüglich der Prioritäten. Bei Bedarf wiederholen Sie diese Absprachen in regelmäßigen Abständen, je nachdem, was Ihr Mitarbeiter braucht – und je nachdem, was Sie sich als Führungskraft wünschen. Lieber eine Absprache mehr als Missverständnisse aufgrund der räumlichen Distanz. Vermeiden Sie aber Kontrollwahn. Überkontrolle demotiviert, raubt Mitarbeitermotivation und zeugt von mangelndem Vertrauen Ihrerseits. Gleichzeitig verhindert Überkontrolle, dass zusätzliches Vertrauen entsteht. Kontrollieren Sie also das Notwendige. Was haben Sie denn kontrolliert, als Ihre Mitarbeiter noch im Büro arbeiteten? Das Gleiche kontrollieren Sie jetzt auch und verzichten auf unnötige zusätzliche Berichte.

Tipp 10: Geben Sie Feedback, Feedback, Feedback

Bereits bei normaler Zusammenarbeit im Büro kommt eines meistens zu kurz: Feedback. Vier von zehn Mitarbeitern wünschen sich mehr Feedback vom Chef. Es gibt Untersuchungen, wonach Mitarbeiter motivierter sind, wenn sie von ihrem Chef wenigstens Kritikpunkte hören, als wenn sie gar kein Feedback bekommen. Rückmeldungen über die Arbeit sind also essenziell für die Mitarbeiter. Das gilt auch für Standardaufgaben bei Sachbearbeitern.

Also: Suchen und finden Sie immer wieder Anlässe, sich bei Ihren Mitarbeitern zu bedanken und positives Feedback zu geben. Und wenn es etwas zu kritisieren gibt, dann tun Sie das natürlich ebenso. Am besten per Telefon oder Video-Konferenz, nicht nur per E-Mail. Legen Sie sich am Morgen drei Kieselsteine in die linke Hosentasche. Bei jedem Feedback an einen Mitarbeiter legen Sie einen Kieselstein in die rechte Hosentasche. Ihr Arbeitstag ist erst beendet, wenn Sie die drei Kieselsteine auf diese Weise in die rechte Hosentasche gebracht haben.

Fordern Sie dies auch von Ihren Mitarbeitern ein: Jeder Mitarbeiter gibt einem Kollegen einmal am Tag ein Feedback – positiv oder kritisch. So wächst Ihr Team zusammen und die Arbeitsqualität steigt. Fragen Sie im Teammeeting nach, wie oft dies jeder Mitarbeiter getan hat. Neue Gewohnheiten benötigen Zeit, also haken Sie hartnäckig regelmäßig sehr konkret nach. Ein „5 Minuten Kritik an meinen Kollegen“-Video finden Sie auf meinem YouTube-Kanal unter der Kategorie „Feedback-Kultur“.

Tipp 11: Ernennen Sie Change Agents

Üblicherweise stellen Mitarbeiter während eines Veränderungsprozesses dem Chef nicht all ihre Fragen. Und wenn die Mitarbeiter ihre Fragen stellen, dann beantwortet der Chef diese Fragen nicht immer vollständig oder verständlich. Diese Fragen der Mitarbeiter sind aber essenziell, um Sand aus dem Getriebe zu waschen, wichtige Informationen zu teilen und für eine gute Grundmotivation zu sorgen.

Ernennen Sie daher Change Agents. Als Change Agents dienen einzelne Mitarbeiter Ihres Teams, denen Sie *und* Ihre Mitarbeiter vertrauen. Diese kommunizieren regelmäßig proaktiv mit Ihren Mitarbeitern und sammeln alle offenen Fragen und zu besprechenden Themen. Auf diese Punkte gehen Sie als Führungskraft bei hoher Dringlichkeit sofort, sonst einmal pro Woche im Teammeeting ein.

So erkennen Sie die Sorgen und Nöte Ihrer Mitarbeiter, reagieren entsprechend darauf und sorgen so für eine gute Arbeitsatmosphäre. Und nur fürs Protokoll: Das ist kein Wunschkonzert für die Mitarbeiter. So manche Kröte gilt es natürlich zu schlucken. Doch dort, wo Sie helfen können, tun Sie das selbstverständlich.

Tipp 12: Sorgen Sie für soziale Kontakte und Nähe

Wenn die täglichen kleinen sozialen Kontakte aus dem Büro wegfallen, benötigen die meisten Ihrer Mitarbeiter hierfür Ersatz. Lassen Sie am Beginn von Telefonmeetings etwas Zeit für Smalltalk. Jeder kann eine Geschichte erzählen: zum Beispiel „meine größte Herausforderung im Homeoffice" oder „mein coolster Trick im Homeoffice".

Veranstalten Sie wöchentlich einen Afterwork-Drink per Video-Call. Bei Zoom können Sie kostenlos Video-Meetings mit bis zu 100 Personen durchführen. Feiern Sie virtuell Geburtstage in einer Video-Konferenz. Geben Sie am Freitagmittag per Lieferservice für Ihr gesamtes Team Pizza aus, wenn Sie eine erfolgreiche Woche hatten. So sorgen Sie für Nähe trotz räumlicher Distanz. Der informelle Austausch ist das Schmierfett für Ihr Teamgetriebe. Soziale Kontakte ermöglichen eine hohe Leistungsfähigkeit. Gestatten Sie Ihren Mitarbeitern jederzeit, Kontakt zueinander aufzunehmen. Erstellen Sie eine Telefonliste, sodass jeder jeden am besten in festgelegten Zeitfenstern anrufen kann. Die festen Zeitfenster helfen, dass es auch Zeiten der ungestörten, konzentrierten Arbeit gibt – zum Beispiel jeden Vormittag bis 12 Uhr. Ermuntern Sie Ihre Mitarbeiter, immer wieder kurze 5-Minuten-Telefonate zu führen.

Und trinken Sie immer wieder mit einem Ihrer Mitarbeiter einen virtuellen „Kaffee". Einfach ein bisschen plaudern außerhalb des Tagesgeschäfts bewirkt zweierlei: Erstens erfahren Sie mehr über Ihren Mitarbeiter und wie er mit der neuen Situation umgeht, und zweitens spürt Ihr Mitarbeiter Ihre Fürsorge – wenn Sie einen ausgeglichenen Redeanteil im Dialog erzielen. Also, immer wieder die Klappe halten und Ohren aufsperren.

Tipp 13: Seien Sie mutig

Führen Sie proaktiv auf Distanz. Probieren Sie Dinge aus. Scheitern Sie dabei, probieren Sie eben andere Dinge. Tauschen Sie sich mit Kollegen aus, die ebenfalls Mitarbeiter im Homeoffice führen. So werden Sie Schritt für Schritt besser und führen Ihre Mitarbeiter im Homeoffice rundum zufrieden und nah – trotz Distanz.

* * *

Und wenn Sie Mitarbeiter sind und sich diese und andere hier erwähnte Verhaltensweisen von Ihrem Chef wünschen, dann markieren Sie diese Stellen im Text und schicken Sie die Ihrem Chef. Gehen Sie in den Dialog. Sprechenden Menschen kann geholfen werden. Die Verantwortung für eine gutes, produktives Miteinander ist nicht die alleinige Aufgabe des Chefs, sondern die Aufgabe eines jeden Mitarbeiters. Also teilen sich Chef und Mitarbeiter die Verantwortung auf? 50 Prozent für jede Seite? Nein! Jeder hat 100 Prozent Verantwortung: der Chef und jeder einzelne Mitarbeiter. Sprechen Sie Missstände an, bis diese verbessert oder endgültig und nachvollziehbar begründet von anderen abgelehnt sind. So sind Sie Teil der Lösung.

Kapitel 3:
Wie geht Ihr Mitarbeiter die Extra-Meile?

In einem Hamburger Unternehmen gibt es aufgrund der aktuellen Pandemie 2020 ab sofort Kurzarbeit. Die Mitarbeiter arbeiten nur 50 Prozent ihrer vorherigen Arbeitszeit und bekommen vom Unternehmen auch nur 50 Prozent ihres Gehalts. Außerdem erhalten die Mitarbeiter circa weitere 30 Prozent ihres Nettogehalts vom Arbeitsamt überwiesen. Ein Mitarbeiter sagt nun: „Wenn ich insgesamt 80 Prozent meines Nettogehalts bekomme, dann ist es doch auch nur fair, dass ich 80 Prozent meiner Arbeitszeit leiste." Andere Kollegen sagen: „Nein, mein Arbeitgeber zahlt mir nur 50 Prozent, also arbeite ich auch nur 50 Prozent meiner Stunden."

Warum machen einige Mitarbeiter Dienst nach Vorschrift – wozu sie wie hier beschrieben auch nur verpflichtet sind –, andere aber leisten mehr, manche sogar deutlich mehr?

Wie gelingt es Ihnen als Führungskraft, dass Ihre Mitarbeiter die Extra-Meile gehen? Zum Beispiel in einer solchen Situation 80 Prozent der Arbeitszeit leisten, und nicht nur 50 Prozent? Oder die ruhigere Zeit nutzen, um proaktiv Altlasten aufzuarbeiten oder die Arbeitsprozesse zu hinterfragen, um so die zukünftige Effizienz zu erhöhen? Oder aber das Lager aufräumen und neu zu strukturieren, wofür ja nie Zeit ist? Jetzt wäre dafür Zeit!

Wie sehr engagieren sich Ihre Mitarbeiter? Wie sehr engagieren Sie sich?

Wie gehen Sie die Extra-Meile?

Frage vorab an Sie, liebe Führungskraft: Unter welchen Bedingungen gehen *Sie* denn die Extra-Meile? Mir fallen da sieben Fälle ein:

1. Fall:
Wenn Sie einfach grundsätzlich sehr pflichtbewusst sind, sehr ehrgeizig, vielleicht auch perfektionistisch und detailverliebt. Wenn Sie in Ihrem Leben gelernt haben: „Leistung und Engagement bringt mich weiter."

2. Fall:
Wenn Sie eine Aufgabe, ein Thema oder ein Projekt bearbeiten, dass voll und ganz Ihren Vorlieben und Ihrer Leidenschaft entspricht. Das kann ein ehrenamtliches Engagement sein. Es kann aber auch der Traumjob oder eine Traumaufgabe sein.

3. Fall:
Wenn Sie sich entfalten können. Wenn Sie sich einbringen können und gestalten können. Wenn Sie sehen, dass Ihr Beitrag einen positiven Effekt hat. Und wenn Sie dafür auch Anerkennung von einzelnen oder mehreren Personen erhalten.

4. Fall:
Wenn Sie eine Person gern haben und diese Person Sie auch mag und Ihnen auch etwas zurückgibt. Wenn Sie nur geben, geben, geben, ohne etwas zurückzubekommen, werden Sie früher oder später aufhören, sich voll reinzuknien.

5. Fall:
Wenn es um die eigenen Kinder geht. Irgendwie ist es uns wohl eingebrannt, uns für unseren Nachwuchs immer wieder stark einzusetzen und auf andere Dinge zu verzichten. Wir wollen, dass es unseren Kindern gut geht, und tun dafür so einiges. Auch wenn wir manchmal – gefühlt – wenig zurückbekommen.

6. Fall:
Wenn Sie in einem kooperativen Umfeld arbeiten, knien Sie sich umso mehr voll und ganz rein. Denn Sie und die anderen teilen ein gemeinsames Ziel. Es herrscht ein Umfeld, in dem sich Menschen offen und respektvoll begegnen. Ein Umfeld, in dem Fehler nicht gefürchtet werden, sondern Teil des täglichen Lebens sind. Kurzum ein vertrautes Umfeld, in dem sich alle gut kennen.

7. Fall:
Wenn ein anderer Sie pusht zu höheren Leistungen, indem er sagt: „Ich glaube an dich!", „Du kannst mehr schaffen!" oder „Diese Aufgabe ist dringend und wichtig. Ich möchte, dass du diese Aufgabe übernimmst!". Oder eine Kombination von allen drei Aussagen. Der andere, das kann ein Freund, Kollege oder Chef sein. Je besser das Verhältnis zu dieser Person ist, desto eher werden Sie sich reinknien, da Sie die andere Person nicht enttäuschen und ihr positives Bild von Ihnen bestätigen möchten.

Die Bedingungen für die Extra-Meile Ihrer Mitarbeiter

Welche Bedingungen müssen aber erfüllt sein, damit ein Mitarbeiter aus Ihrem Team mehr gibt als bisher? Damit ein Mitarbeiter eine Extra-Meile geht, die er bisher nicht gegangen ist? Erstens: Sie als Führungskraft gehen bei der eigenen Arbeit mit gutem Beispiel voran – spürbar für den Mitarbeiter. Zweitens: Sie gehen persönlich die Extra-Meile für den Mitarbeiter. Dann wird es funktionieren. Es ist der Grundsatz der Reziprozität: Ich gebe dir was, wenn du mir was gibst.

Ihre Mitarbeiter werden dann umso eher die Extra-Meile gehen, je mehr Sie für Ihre Mitarbeiter die Extra-Meile gehen.
Das Doofe daran: Es bedeutet mehr Führungsarbeit für Sie.
Das Gute daran: Sie können das Engagement Ihres Teams beeinflussen. Der Status quo ist nicht in Stein gemeißelt.

Schauen wir uns die sieben Fälle für die Extra-Meile von oben an, dann haben Führungskräfte bei Fall 2, 3, 6 und 7 Einflussmöglichkeiten. Daraus ergeben sich vier Ansätze.

Ansatz 1: Leidenschaft entfachen

Betrachten wir uns Fall 2: Eine Person bearbeitet ein Thema hoch motiviert, wenn es voll und ganz ihrer persönlichen Leidenschaft entspricht.

Der Hebel für Motivation liegt auf der Hand. Geben Sie Ihrem Mitarbeiter Aufgaben, die er gern bearbeitet und auf die er richtig Lust hat. Fragen Sie dafür Ihren Mitarbeiter direkt: „Welche Tätigkeiten machen dir innerhalb deines Aufgabenbereichs am meisten Spaß? Wenn du dir aus unserem Team oder in unserem Unternehmen eine Aufgabe aussuchen könntest, welche wäre das dann? Und was macht dir weniger Spaß bei der Arbeit?"

Die Antworten auf diese Fragen werden Sie in den seltensten Fällen sofort bekommen. Stellen Sie daher diese drei Fragen in einem Teammeeting in den Raum und bitten Sie alle, darüber ein paar Tage nachzudenken. Erläutern Sie auch, warum Sie diese Fragen stellen: Sie wollen herausfinden, ob jeder schon sein optimales Tätigkeitsfeld gefunden hat oder ob Sie sinnvolle Anpassungen vornehmen können. Ihr Ziel ist es, Motivation und tägliche Freude bei der Arbeit zu maximieren.

Dann nutzen Sie die Eins-zu-eins-Gespräche, die Sie ohnehin schon mit jedem Ihrer Mitarbeiter regelmäßig durchführen, dazu, sich über die Antworten Ihrer Mitarbeiter auszutauschen.

Manchmal sind es nur kleine Anpassungen, die einen positiven Effekt bewirken. Ein Mitarbeiter kümmert sich ungern um die administrativen Teile in seiner täglichen Arbeit, eine andere Person liebt es, Dinge zu arrangieren und zu planen. So können sich diese beiden Mitarbeiter gegenseitig helfen. Oder ein Mitarbeiter würde gern mehr oder weniger mit Kunden telefonieren. Finden Sie kreative Lösungen dafür, was Ihre Mitarbeiter lieben.

Achtung: Kündigen Sie auch an, wenn Sie Ihren Mitarbeitern diese Fragen stellen, dass Sie ihnen nichts versprechen. Anpassungen werden dann möglich sein, wenn Sie die Ziele des Teams und des Unternehmens weiterhin erreichen.

Sie haben von diesem ersten Ansatz vermutlich schon gehört: Er heißt „Stärken stärken".

Ansatz 2: Vertrauen aufbauen

Wie nah sind Sie Ihren Mitarbeitern? Was wissen Sie von Ihren Mitarbeitern? Interessieren Sie sich für Ihre Mitarbeiter, sprich, kennen Sie Ihre Mitarbeiter persönlich? Kennen Sie den Namen ihrer Kinder? Was wissen Sie von den Hobbys, die Ihre Mitarbeiter lieben? Was haben Ihre Mitarbeiter an den letzten beiden Wochenenden gemacht? Wie viele Freunde hatten Ihre Mitarbeiter auf ihrem letzten Geburtstag eingeladen? Wie haben sie gefeiert? Was macht Ihr Mitarbeiter am liebsten mit seinen Kindern?

Natürlich müssen Sie nicht alle Antworten für alle Ihre Mitarbeiter kennen. Aber wenigstens einige davon. Beschäftigen Sie sich persönlich, über die Arbeit hinaus, mit Ihrem Mitarbeiter? Oder hielten Sie das bislang für unnötig, nach dem Motto: „Mit der Arbeit an sich hat das ja nichts zu tun. Ich bin ja hier, um zu arbeiten und um Ergebnisse zu produzieren. Nicht um mein Privatleben zu teilen. Nicht um Freunde zu finden." Nun, das ist Ihre Entscheidung. Sie müssen das nicht tun. Sie können das aber tun, um eine bessere Basis der Zusammenarbeit zu schaffen.

Vertrauen wächst dort, wo Menschen mehr voneinander wissen. Ein Arbeitsumfeld ist dann umso freundlicher, angenehmer und produktiver, wenn die Mitarbeiter sich kennen oder sogar gut kennen.

Sie merken schon, wir sind bei Fall 6 – dem vertrauten Team. Das liegt natürlich zum Teil an den Mitarbeitern, ob diese viel von sich selbst preisgeben und gemeinsame Zeit in Gesprächen verbringen. Es liegt aus meiner Sicht aber primär an Ihnen, was Sie vorleben. Geben Sie Dinge von sich selbst preis? Laden Sie Ihr Team zu sich nach Hause zum Kochen ein? Erzählen Sie von sich und Ihren Vorlieben und Hobbys und was Sie am Wochenende erlebt haben – ohne die Mitarbeiter zuzuquatschen? Oder liegt Ihr Fokus auf der Arbeit? Und nur auf der Arbeit?

Mein bester Chef in meiner Zeit als Angestellter bei Unilever war Gerald. In seiner Zeit entstanden intensive Freundschaften in unserem Team. Einer der Gründe ist, dass er mit uns zusammen sein Hobby Mountainbike zelebrierte und Anhänger fand. Mit ihm war ich zum Beispiel in einer Mittagspause zusammen im einem Bike-Laden, um mir ein neues Mountainbike auszusuchen. Und als Team fuhren wir auch ein- oder zweimal zusammen los. In dieser offenen, persönlichen Atmosphäre entstanden viele intensive Freundschaften, die wir noch heute pflegen. Ich bin mir sicher, das hatte mit Geralds offenem Verhalten als Chef zu tun.

Sie als Chef sind der Vertreter der Firma. Mitarbeiter setzen Sie, die Führungskraft, gleich mit der Firma. Je nachdem, wie der Chef, sprich die Firma, die Mitarbeiter behandelt, behandeln die Mitarbeiter auch die Firma. Wenn sich der Chef = die Firma für den Mitarbeiter interessiert, dann interessiert sich der Mitarbeiter auch umso mehr für die Firma. Interessieren Sie als Chef sich also für ihre Sorgen, ihre Nöte, ihre Bedürfnisse, dann tun das auch Ihre Mitarbeiter. Dann kommen Mitarbeiter bei Leerlauf auf die Idee, Altlasten aufzuarbeiten, Datei-Ablagesysteme zu überarbeiten oder ein reibungslos funktionierendes Lagersystem zu erstellen.

Ja, Sie haben recht, das ist keine logische Konsequenz und erst recht keine Garantie. Es ist aber eine große Chance für Sie als Chef, dass Sie auch für Ihre Mitarbeiter da sind, wenn diese Probleme, Sorgen und Nöte haben. Was auch immer Ihre Mitarbeiter da von Ihnen brauchen. In Veränderungssituationen, die heutzutage an der Tagesordnung sind – wie zum Beispiel das plötzliche Homeoffice –, wird es viele Möglichkeiten geben, für Ihre Mitarbeiter da zu sein. Je mehr Sie über Ihre Mitarbeiter mitbekommen, desto eher werden Sie von den persönlichen Krisen und ungeklärten Fragen der Mitarbeiter wissen und desto besser können Sie daran Anteil nehmen und auch emotional für die Mitarbeiter da sein.

Ich weiß, das liegt nicht jeder Führungskraft. Schwer ist das erst recht für die sachlichen Führungskräfte, die mehr Fokus auf die Aufgabe legen als den Menschen. Viele Führungskräfte sind darin gut, die Sache zu fokussieren. Das ist eine Fähigkeit. Sehr gute Führungskräfte gehen einen Schritt weiter und schaffen auch eine persönliche Ebene zwischen sich und ihren Mitarbeitern. Exzellente Führung stellt das Wohlbefinden der Mitarbeiter in den Mittelpunkt. Nachlesen können Sie das in Kapitel 1 der Leseprobe meines Buches „Der Chef, den keiner mochte“ oder im Buch von Simon Sinek „Gute Chefs essen zuletzt“.

Im täglichen Miteinander können Sie immer wieder beweisen, dass Sie sich der Sorgen und Nöte Ihrer Mitarbeiter annehmen. Und gleichzeitig geht es natürlich um Leistung und Ergebnisse, das ist klar. Bei jeder Veränderung, in der es häufig um Akzeptanz und um Emotionen geht, brauchen die Mitarbeiter Ihre Führung – und Ihren Beistand. Zeigen Sie, dass Sie echtes, tiefes Interesse an den Menschen haben, dann steigt die Wahrscheinlichkeit, dass diese Menschen auch ein echtes, tiefes Interesse an der Firma haben. Dann besteht eine gute Chance, dass die Mitarbeiter auch hier und dort eine Extra-Meile gehen.

Dieser Ansatz 2 für die Extra-Meile hilft Ihnen auch für Ansatz 1 „Stärken stärken". Denn je besser Sie Ihre Mitarbeiter kennen, je offener Sie miteinander kommunizieren, desto leichter wird es Ihnen fallen, Stärken zu erkennen, und desto leichter wird es für Ihre Mitarbeiter sein, sich zu öffnen und offen über Stärken, Präferenzen und ungeliebte Aufgaben zu sprechen.

Und auch für den folgenden Ansatz 3 für die Extra-Meile eignet sich dieser zweite Ansatz des vertrauten Teams sehr gut.

Ansatz 3: Den Beitrag zum Ergebnis einfacher machen und erhöhen

Jeder Mensch will lernen, jeder Mensch will einen guten Job machen und Erfolge erzielen. Wie erzielen Ihre Mitarbeiter jeden Tag Erfolge im Job? Indem sie die Skills und Fähigkeiten besitzen, um ihren Job wirklich gut zu machen.

Das ist Ihre Chance als Chef! Sie können zeigen, dass Sie als Chef die Extra-Meile für Ihre Mitarbeiter gehen. Sie können das Interesse Ihrer Mitarbeiter aus Ansatz 2 nutzen. Denn je besser Sie Ihre Mitarbeiter kennen, desto besser können Sie Ihre Mitarbeiter unterstützen. Zum Beispiel beim Lernen. Wenn Sie offen mit Ihren Mitarbeitern kommunizieren, werden Sie als Chef auch schnell mitbekommen – wenn Sie Fragen stellen und gut zuhören –, welche Aufgaben und Details Ihren Mitarbeitern leichtfallen und welche nicht.

Wie gut ist Ihre Mitarbeiterin bei der Selbst-Organisation und beim Abarbeiten von Prioritäten? Wie gut ist Ihre Mitarbeiterin beim Thema „Konflikte lösen mit Kollegen“? Wie gut ist Ihre Mitarbeiterin beim Thema „schwierige Gespräche führen mit Kunden“?

Wenn Sie Ihre Mitarbeiter unterstützen, bei diesen konkreten Herausforderungen besser zu werden, dann erzielen diese leichter bessere Erfolge. Das können Sie allein mit Ihrer Führung bewirken – ohne Ihre Mitarbeiter gleich regelmäßig auf gute Seminare zu schicken.

Wie geht das am besten? Definieren Sie pro Mitarbeiter ein persönliches Lern- und Entwicklungsziel. Dieses suchen und finden Sie mit Ihrem Mitarbeiter gemeinsam. Wenn Ihr Mitarbeiter zum Beispiel lernen möchte, wie es ihm gelingt, besser Konflikte mit einem Kollegen nachhaltig zu klären, dann machen Sie dies zu einem Lern- und Entwicklungsziel für die nächsten sechs Monate. Lassen Sie nun Ihren Mitarbeiter einen Umsetzungsplan für diesen konkreten Fall erarbeiten. Im ersten Monat lernt Ihr Mitarbeiter mithilfe von YouTube-Videos jede Woche 30 bis 45 Minuten und macht sich Notizen, was er konkret in der Zusammenarbeit mit seinem Kollegen anders machen kann. Vielleicht spricht Ihr Mitarbeiter auch mit Kollegen, die er für kompetent hält für seine Herausforderung. Dann treffen Sie sich mit Ihrem Mitarbeiter nach einem Monat, um zu hören, was Ihr Mitarbeiter für sich gelernt hat und wie er im nächsten Monat an dieses Thema konstruktiv herangehen wird. Sie lassen sich das lediglich berichten und ergänzen nur, falls der Mitarbeiter nicht weiterkommt. Einmal pro Monat lassen Sie sich nun die Fortschritte berichten, was Ihr Mitarbeiter gelernt hat und was er sich für den nächsten Monat vorgenommen hat.

Als Chef investieren Sie monatlich ca. 15 bis 30 Minuten in diesen Prozess, vielleicht auch mal nur 10 Minuten, wenn die Fortschritte einfach gut sind. Ihr Mitarbeiter hat 30 bis 45 Minuten Hausaufgaben pro Woche – fürs Lernen mit weiteren YouTube-Videos oder Gesprächen mit Experten oder anderen Quellen, fürs Pläneschmieden und für klärende Gespräche mit dem Konflikt-Kollegen.

Ihr Ziel im Monatsgespräch ist, so wenig wie möglich zu sprechen, damit Ihr Mitarbeiter möglichst viel Verantwortung für sein Lernen, seine Pläne und seine konkrete Umsetzung selbst übernimmt. Stellen Sie stattdessen komplett offene Fragen: „Was hast du gelernt? Was hast du jetzt vor? Was genau ist daran anders als das, was du vorher getan hast? Wieso sollte dein Kollege nun anders reagieren?" Vermeiden Sie lenkende Fragen wie: „Hast du schon mal probiert, dies oder jenes zu tun?" Das ist zwar eine Frage, aber inhaltlich ein Lösungsvorschlag. Die Lösung soll der Mitarbeiter weitestgehend selbst erarbeiten, um zu lernen, selbst Probleme zu lösen. Ihr Beitrag ist das Lernziel und Ihr Beistand im Monatsgespräch.

Ihr Mitarbeiter merkt so: Meine Führungskraft ist an meiner persönlichen Entwicklung interessiert, sie geht für mich eine Extra-Meile. Also ist nun der Mitarbeiter auch bereit, für Sie, den Chef und für das Unternehmen eine Extra-Meile zu gehen.

Ansatz 4: Wenn nötig, eine klare Ansage machen

Auch für diesen vierten Ansatz gilt, dass eine Kombination mit den anderen drei vorherigen Ansätzen diesen Ansatz erheblich erleichtert. Ich sagte ja schon, dass die ersten drei Ansätze Möglichkeiten schaffen. Die Wahrscheinlichkeit der Extra-Meile wird größer. Besteht eine Garantie? Nein, denn ich kenne nicht die weiteren Rahmenbedingungen in Ihrem Team und Unternehmen. Ich persönlich bin mir sicher, dass die Ansätze 1, 2 und 3 das Engagement im Team erheblich anheben werden. Doch die Steuerung des Engagements liegt da bei den Mitarbeitern selbst.

Das ist einerseits gut, da Mitarbeiter oft genau wissen, welche Dinge im Argen liegen und ein „Sich-drum-Kümmern" benötigen. Es gibt aber auch Fälle, da braucht es einen weitsichtigen Chef, der erkennt, wo Dinge im Argen liegen, und der dann die Extra-Meile von den Mitarbeitern explizit einfordert.

Wie können Sie vorgehen? Machen Sie Ihren Mitarbeitern logisch klar: „Wir haben momentan nur 20 Prozent unserer Aufträge. Du arbeitest aber weiterhin 50 Prozent deiner Arbeitszeit. Damit hast du freie Kapazitäten, um dich um Altlasten oder die Lagerneuorganisation zu kümmern."

Machen Sie also Ihrem Mitarbeiter eine klare Ansage und delegieren Sie eine weitere Aufgabe. Oder diskutieren Sie mit ihm, wie er die freie Zeit am besten nutzen kann. Vielleicht hat Ihr Mitarbeiter eigene gute Ideen. Der Anstoß zur Extra-Meile geht aber auch hier von Ihnen, von der Führungskraft aus. Definieren Sie Aufgaben und Ziele und lassen Sie sich Meilensteine und Ergebnisse berichten.

Verpassen Sie dabei nicht die Chance, die Mitarbeiter so viel wie möglich innerhalb der von Ihnen geforderten Zielrichtung selbst gestalten und selbst Lösungsansätze entwickeln zu lassen. Umso mehr fühlen Ihre Mitarbeiter, dass sie selbst die Kuh vom Eis geholt haben. Umso mehr werden Ihre Mitarbeiter stolz sein auf die eigene Arbeit. Laotse sagte passend dazu: „Ein sehr guter Anführer ist der, bei dem die Mitarbeiter sagen ‚Das haben wir selbst gemacht'." Dazu gilt es, das eigene Ego hier und dort zu parken und den eigenen Redeanteil hier und dort auf 50 Prozent oder weniger zu reduzieren und mehr Fragen zu stellen. Fragen Sie sich doch mal nach einem Mitarbeitergespräch: „Wie hoch war jetzt mein Redeanteil und wie hoch war der meines Mitarbeiters?" Oder noch besser: Stellen Sie diese Frage Ihrem Mitarbeiter und weihen ihn ein, dass Sie gern nur 50 Prozent der Zeit sprechen möchten. Das wäre für einige Chefs ein ganz neuer Führungsansatz, der viel Potenzial entfachen würde.

* * *

Wenn Sie als Chef das machen, was man eben so macht, nämlich das Übliche, dann machen Ihre Mitarbeiter ebenfalls das Übliche in ihrer täglichen Arbeit. Es ist so einfach: Wie du mir, so ich dir – der Grundsatz der Reziprozität. Gehen Sie eine Extra-Meile für Ihre Mitarbeiter und Ihre Mitarbeiter werden eine Extra-Meile für Sie und für das Unternehmen gehen.

Ihr langfristiges Investment wird sich für Sie auszahlen. Denn Ihre Mitarbeiter werden nicht nur Ihrem Unternehmen, sondern auch Ihnen treu sein und ihre Leistung zu 100 Prozent in Ihren Dienst stellen.

So gestalten Sie eine positive Arbeitsatmosphäre, ob mit oder ohne Homeoffice, in der hohe Leistung möglich ist und sich für jeden Einzelnen lohnt.

Schlusswort

Liebe Führungskräfte!

Nun haben Sie eine Fülle an Umsetzungstipps erhalten. Natürlich können Sie diese nicht alle auf einmal umsetzen. Wählen Sie lieber die für Sie zwei bis drei wichtigsten Methoden und Tipps aus und beginnen Sie morgen mit der ersten Methode. Nicht jede Methode ist eins zu eins in Ihrem Unternehmen umsetzbar. Bleiben Sie also flexibel bei Ihrer Umsetzung – je nach Reaktion Ihrer Mitarbeiter. Tauschen Sie sich auch gern mit Ihren Mitarbeitern aus. Lassen Sie Ihre Mitarbeiter das Buch oder Teile davon lesen. Fragen Sie sie: „Was haltet ihr davon? Was möchtet ihr davon umsetzen?" Und bleiben Sie hartnäckig, denn Gewohnheiten zu verändern braucht Zeit.

Erzählen Sie mir gern von Ihren Umsetzungserfolgen, per E-Mail, XING- oder LinkedIn-Nachricht. Ich bin gespannt!

Auf meinem YouTube-Kanal finden Sie mehrere Videos zum Thema „Homeoffice und effektives Arbeiten". Holen Sie sich dort gern weitere Tipps – für Ihre Mitarbeiterführung, für Ihre Kommunikation in schwierigen Situationen und für das Thema „Technik im Homeoffice".

Und wenn Sie weitere Führungsinspirationen interessieren, dann abonnieren Sie auf meiner Homepage www.markus-jotzo.com – auf jeder Seite ganz unten – meinen Newsletter, lesen Sie meinen Blog auf meiner Homepage, hören Sie meinen Podcast „Führen wie ein Löwe" bei Spotify oder überall dort, wo Sie gern Ihre Podcasts hören. Und wenn Sie konkreten Trainingsbedarf haben oder einen Redner für Ihre nächste Führungskräfte-Tagung suchen, dann kontaktieren Sie mich unter service@markus-jotzo.com. Ich freue mich auf Ihre Kontaktaufnahme!

Ihr Markus Jotzo